DIVISIÓN
Y MULTIPLICACIÓN
DE LA MATERIA

1ª Edición

Juan Martínez Asensio

INDICE

DIVISION Y MULTIPLICACION DE LA MATERIA 3

SEGUNDA PARTE: LA CELULA 14

ENSAYO SOBRE PROTAGORAS 20

SOBRE EL NACER Y EL MORIR 35

EL DRAMA INTERIOR 36

LO INFINITAMENTE CONTRADICTORIO 46

PRIMER MOTOR 50

EL TUNEL DE LA EXPANSION 52

ENSAYO SOBRE PITAGORAS Y LA METAFISICA DEL NUMERO 54

DIVISION Y MULTIPLICACION DE LA MATERIA

Cuando Pitágoras dijo que la verdad está en los números, no se equivocaba. En las matemáticas se halla el descubrimiento del mundo. De una división que se multiplica por doquier surge la llamada expansión del universo. De lo infinitamente pequeño se representa lo infinitamente grande siendo más pequeño que aquello que por cuestión de espacio, materia y tiempo se engrandece infinitesimalmente en una expansión que hace sus diferentes recorridos y movimientos del todo a la nada, del uno al cero pasando por una infinidad de divisiones y de números.

El uno, la unidad, es antes que el Ente. En el principio uno es el espacio y una la materia. De tal manera se puede hablar de un espacio absoluto con una materia absoluta, de la unidad de la materia y del espacio, no habiendo ninguna relación entre ambos porque eran la misma cosa.

He llegado a pensar y a deducir, a representarme y a representar el principio verdadero de todas las cosas, no como un dogma de fe, sino como un descubrimiento palpable que se puede demostrar con la única unidad posible del espacio y la materia. Por ejemplo:

Al igual que la unidad de todos los seres vivos es la célula, la unidad de toda sustancia es el átomo, y ambas unidades, tanto la célula como el átomo, son divisibles y como divisibles se pueden dividir hasta el infinito. No habiendo más espacio ni menos espacio lo mismo que más materia ni menos materia, la expansión, que aumenta incesantemente, pero en sentido contrario es la representación de una causa material y el efecto es el engrandecimiento del espacio medido por las diferentes partes del todo. En este increíble viaje de lo pequeño a lo más pequeño todavía con una causa que se divide para multiplicarse en un efecto de expansión infinita.

Si por ejemplo la materia en si pesara un kilo y el espacio fuese la medida absoluta de la masa de la unidad divisible del kilo, dicho kilo se podría dividir de A hasta el infinito sin perder peso pero si perdiendo su unidad ya que esta se ha dividido para multiplicarse, pero una vez reunidas las partes serán igual que el uno.

Si un panadero tiene solamente la masa de un kilo de pan en la amasadora, después de haberle añadido la levadura y el agua correspondiente y le encargan doscientos panes no podrá nunca sacar de la masa de un kilo doscientos kilos, porque no hay más masa ni menos masa, no podrá recorrer el camino o movimiento de lo pequeño a lo grande porque la masa para trabajarla y llegar a su realización hay que dividirla sin más remedio pudiendo sacar como solución al problema doscientos panecillos, panecillos de cinco gramos cada uno. Los clientes malcontentos dirán que han sido engañados y el panadero como un sabio filósofo de su trabajo les dirá que no habiendo más masa ni menos masa, el resultado no podía ser otro, ya que el peso de la masa no se puede multiplicar por la propia masa porque hay antes que dividirlo para poder llegar a la multiplicación.

Si tomamos como segundo ejemplo una bodega donde hay solamente un tonel de 500 litros de vino, veremos como el bodeguero no podrá llenar medidas más grandes, pudiendo llenar medidas más pequeñas porque dispone solamente de una cantidad. La cantidad cuando se rebaja se divide y cuando se divide se multiplica y si las medidas se hacen cada vez más pequeñas se multiplicará el vino como efecto de la causa que lo divide.

Al caer el vino por sus diferentes medidas irá pasando irremediablemente de un movimiento absoluto a sus diferentes movimientos relativos. Pasará de lo grande a lo pequeño hasta perderse del espacio absoluto no pudiendo por supuesto salir de él.

Es demencia o más bien ignorancia absoluta afirmar que el universo se expande constantemente como si una cosa pudiera por si sola salirse de su propia presencia, es decir en este caso, de la realidad que representa.

Si el universo tuviera un centímetro absoluto el llamado metro relativo, ¿Qué representación infinitesimal tendría en este supuesto centímetro que ha sido representado por la división multiplicadora de la materia en una expansión infinita alcanzando realmente el grado de infinito por muy asombroso que nos parezca?

La causa de los números es la división, el efecto la multiplicación.

$$1:2 = 1 \times 2 = 2 \text{ (1 la causa, 2 el efecto)}$$

1:2 = Espacio absoluto multiplicado por 2, si antes tenía un centímetro ahora tendrá 2 centímetros relativos al centímetro absoluto.

De tal manera un infinito relativo puede ser el resultado de un centímetro absoluto.

La materia cuando se divide no pierde peso ni energía, simplemente va pasando de un estado espacial a otro, en un viaje que no tiene fin.

La unidad de la materia puede perderse aparentemente en la división multiplicadora sin dejar necesariamente de ser una unidad. Todo lo que está desunido está unido y todo lo que está unido desunido, porque si todo estuviera desunido no existiría la forma y si todo estuviera unido, el movimiento.

Por ejemplo: Una mano está unida en la forma de la propia mano, en la sustancia que la compone y desunida en el contenido, en aquello que ya no tomamos como sustancia sino como cuerpos constituyentes de la propia materia.

Las células se estarán alimentado en la mano que representan y los átomos moviéndose fuera de la realidad de las células y de la mano, aquí podemos deducir y representar tres movimientos diferentes de la materia, el movimiento absoluto de la mano como representación en este caso de lo grande, el movimiento de la célula, y el movimiento del átomo.

Así pues, podemos hablar de una unidad material en sus diferentes representaciones. La mano está unida a la célula como la célula al átomo, no olvidemos que se hallan unidos y desunidos al mismo tiempo y que el espacio que los separa es relativo en lo pequeño y absoluto en lo grande.

Un cuerpo puede moverse en el espacio solamente si se encuentra relativamente fuera de la unidad material y no puede salirse de ese espacio relativo debido al espacio absoluto que lo representa en la misma unidad material.

Tendrá un recorrido y un movimiento relativo a su propia masa, podrá desviarse de su recorrido lo que le permite la unidad y podrá dividirse y desintegrarse en el espacio cuando la energía se desencadena en una fusión nuclear, pasando de un estado material a otro, haciendo nuevamente que el espacio y la materia se multipliquen.

Aunque resulte asombroso, todo está relacionado en el mismo cuerpo universal. Unido y desunido, en una multiplicación de formas y movimientos.

La Tierra se mueve en el espacio y el hombre no puede participar debido a su propia masa de ese movimiento, si el hombre participara del movimiento terrestre nunca jamás hubiera existido porque para que haya vida sobre la Tierra, la vida tiene que relacionarse con un reposo relativo de la misma. Hay movimientos que matan y movimientos que dan vida. Cuando la materia empezó a moverse empezó a dividirse y el milagro del espacio y de la materia se hizo posible de algo tan insignificante como la nada.

El espacio no puede salirse del espacio ni la materia de la materia, no habiendo materia sin espacio ni espacio sin materia.

El sistema solar es una placa que se mueve en la misma relación de sus diferentes movimientos y recorridos, haciendo en el conjunto un solo movimiento y un solo recorrido, aquí no podemos hablar de la ley de la gravedad porque los cuerpos más grandes se unen a los más pequeños y los más pequeños se distancian de los más grandes. La distancia no es la misma de A a B que de B a A . Hay una doble relación y una doble distancia, causa y efecto, aquí tienen diferentes relaciones que se pueden medir y representar, estando los cuerpos más grandes más cerca de los más pequeños y los más pequeños más lejos de los más grandes. Siendo la distancia relativa a la masa que la representa, la distancia absoluta le pertenece a la unidad, siendo relativa a su división.

Así podemos deducir que el hombre está más lejos del Sol que la Tierra, la Tierra teniendo una medida inmensamente más grande tiene un espacio relativo más pequeño y la distancia entre la Tierra y el Sol es sencillamente insignificante.

De A a B = x 12.000 medidas del diámetro terrestre.

De B a A = Y, probablemente el Sol esté tan cerca de la Tierra que nos salva de su cercanía la distancia relativa que crea nuestra propia masa.

La Luna se halla de la Tierra también muy cercana, la Tierra se encuentra de la Luna a 30 medidas del diámetro terrestre, es decir, a treinta pasos, si la Tierra pudiese darse cuenta de su cercanía.

Si continuamos así podemos ver lo que quiera que se vea con claridad porque solo el conocimiento claro y el que se puede poner a prueba es digno de tenerse en cuenta como el descubrimiento necesario de una verdad.

Y mi pensamiento es claro y se puede poner a prueba, como yo lo estoy clarificando y poniéndolo sin desmayo a la prueba de la relatividad.

Si los cuerpos más grandes están más cerca de los cuerpos más pequeños y los cuerpos más pequeños más lejos de los más grandes, las cosas pueden tocarse y no tocarse, están unidas y no unidas y tener diferentes movimientos teniendo en realidad un solo movimiento.

Volvamos nuevamente a la unidad material de la mano. Si hago un recorrido con la mano de medio metro, las células se habrán movido medio metro y los átomos también. Pero tanto células como átomos no han podido participar de ese movimiento, pero eso no quiere decir que el movimiento no se haya realizado porque están fuera de esa realidad, el movimiento ha sido real, se ha llevado a cabo y las tres realidades relativas han participado del mismo.

Para la galaxia no existe el Sistema Solar como Sistema Solar. Visto desde ese punto de vista es un punto insignificante en el universo, el movimiento de una partícula que se mueve en un océano de partículas como se mueven las gotas de agua en la unidad del mar.

La unión de lo que llamamos agua es constituida por un sinfín de gotas que pueden ponerse en movimiento en las olas del mar. Aquí hay que diferenciar el movimiento de las olas del movimiento de las gotas aunque a simple vista parezcan el mismo movimiento, porque los dos movimientos van unidos en el movimiento que se representa.

Supongamos que la inmensidad del mar es el universo y que cada gota de agua que lo constituye es una galaxia o simplemente algo más reducido como una estrella. Veremos con claridad el movimiento absoluto de las olas universales, en este caso de la energía que se desprende de los astros, pero veremos el de sus partes, el que se encuentra escondido en el movimiento más grande que impide ver los demás movimientos.

Cuando el agua se evapora del mar por el calentamiento del Sol, tiene que volver necesariamente al mismo porque todo vuelve al principio, a la causa de la unidad y de la evaporación.

Una estrella se desintegra en el espacio, parece perderse en el infinito, pero no puede alejarse ni un milímetro de la unidad que ha hecho la estrella y la ha desintegrado.

No puede moverse del espacio que le corresponde aunque el espacio relativo se haga billones de veces más grande. En la ley de la gravedad de Newton se afirma que las cosas caen por su propio peso, por la ley de la gravedad, las cosas no pueden ni mucho menos caer, se distancian y luego tienen que regresar a su origen, a su punto de partida.

Partiendo de A a B, regresaremos de B a A. La unidad del espacio y de la materia es curva y en una curva regresaremos con apariencia de caída. El golpe puede ser mortal porque la unidad atrae como un elástico a lo que se distancia. Árbol, manzana, Tierra, forman una unidad, la causa es la manzana que quiere desprenderse de la unidad, el efecto la caída aparente.

El hombre puede viajar por la Luna, llegar a Marte, viajar por el cosmos, pero nunca podrá salirse de la unidad que le corresponde como medida de su propia masa. El espacio y la materia que se ve no es un espacio absoluto ni una materia absoluta. Lo mismo que el átomo no se relaciona con la célula ni la célula con el átomo no puede relacionarse más allá del límite que le impone su propia medida material.

No es el pensamiento el que mide la realidad universal, es la masa el que lo realiza. El pensamiento analiza y observa lo que la medida de la masa le descubre.

Así pues el conocimiento del hombre se halla atrapado en el límite de una medida y como medida permitida se comporta, descubre y se descubre.

La unidad espacio-materia de la especie humana es muy reducida, es casi nada, no nada porque de la nada, nada viene, pero si puede llegar el todo o casi todo de la casi nada, de lo más reducido e insignificante.

En su conjunto lo que llamamos materia es una unidad inseparable aunque aparentemente se pueda separar y distanciarse en una distancia que no parece tener regreso cayendo en una sensación infinita.

De ahí solamente se puede explicar la división y multiplicación de la materia haciendo el espacio cada vez más grande en proporción a su propia división.

El infinito tiene el punto de partida en la división, si el átomo no fuese divisible el universo y los billones de galaxias que lo constituyen no tendrían razones de ser aunque el universo no se encuentra constituido por ninguna razón ni por ningún ser superior.

El orden y el desorden, la composición y la descomposición, componen la llamada transformación universal, lo que es, siempre será, lo que llega a ser se pierde en lo que volverá a ser perdiéndose definitivamente en lo que es.

Todo lo formado, todo lo que se forma, deja de ser no para ser sino para que otra cosa totalmente diferente sea y cuando eso sea, vuelve a ser lo que lo que siempre fue y lo que nunca jamás dejará de ser, ¡Materia!

La unidad dejo de ser unidad para que las partes fuesen sin dejar de ser unidad. Solamente la materia puede dejar de ser materia para seguir siendo materia. El agua se convierte en energía y la energía se convierte en agua. La energía es la fuerza de la materia, es la materia en movimiento, es el resultado de la fusión del átomo, de la reacción en cadena. La materia pierde la forma pero permanece, no puede ser destruida donde la unidad existe, su destrucción es aparente no definitiva por eso solamente ella deja de ser para seguir siendo y las demás cosas dejan de ser, no para ser sino para que otra cosa diferente sea.

La célula se divide para que el ser sea. La materia se divide en el átomo para que el átomo sea y todo quiere ser átomo, célula, materia, el ser es otra cosa, y solamente llega a él la materia altamente organizada, ya tendremos tiempo de hablar de él después.

La materia es simplemente materia, el único contenido que tiene es el átomo, no habiendo átomo sin materia ni materia sin átomo.

"No hay idea, no hay razón, no hay dios, solamente unidad, movimiento, división, multiplicación, orden, desorden, energía, composición, descomposición y caos"

SEGUNDA PARTE: LA CELULA

De la división a la multiplicación de la materia se pasó al infinito, desde un punto de partida que llamaremos Uno. Del cero al uno y del uno dividido infinitamente al infinito. En este infinito reducido llamado universo, surgió como por Arte de Magia, nuestro Sistema Solar y naturalmente en él un planeta de 510 millones de kilómetros cuadrados de superficie llamado Tierra.

La evolución y la representación de la Tierra es desconcertante. Cinco mil millones de años de Evolución han descubierto la vida que llevaba la materia como contenido casual de la materia, aquí la causa es la materia y el efecto la vida misma.

¿Cómo apareció la vida? ¿Cómo es posible que de una sustancia tosca y peligrosa se formara algo tan sorprendente y desconcertante, algo que se busca por doquier, haciéndose preguntas y más preguntas infinitas desde lo finito, desde lo sumamente breve y perecedero.

El llamado milagro del ser, del yo, del conocimiento, del pensamiento, del método de Descartes:

"Pienso, luego existo,"

hay que analizarlo desde los mismos umbrales de la evolución. En la evolución de nuestra especie está la clave del ser, el porqué la materia ha llegado a formar parte de la vida y la vida del ser.

Hace mucho tiempo que descubrí que la Tierra firme, sin agua tiene los mismos kilómetros, los mismos millones de kilómetros que hay de la Tierra al Sol.

(Materialmente para el hombre, no para la Tierra)

Sumando los cinco continentes y la Antártida, la cantidad será más o menos la misma, unos 150 millones de kilómetros aproximadamente.

Esos millones de kilómetros, crean la distancia relativa de la Tierra al Sol (Hombre-Sol), es la que hizo posible la retirada de los mares y que se formaran los seis continentes, cinco más la Antártida y que en las aguas que se retiraron, debido a la distancia fecundativa de la energía solar, surgiera el primer microorganismo existencial: Ameba.

De la Ameba al hombre han pasado millones y millones de años de evolución. Las primeras células tuvieron que adaptarse al medio ambiente, para sobrevivir. Así estuvieron, en un organismo unicelular, más de mil millones de años hasta que pudieron dividirse y multiplicarse. Nuevamente como en la materia, sorprendentemente, de la división surgió la multiplicación y de la multiplicación nuevas formas de vida más altamente organizadas.

Así surgieron las primeras algas y los primero anfibios, así surgieron una serie de robots creados a partir de la planificación inteligente de las células, a través de una división y multiplicación celular.

De una célula surge la materia altamente organizada

De una célula surge la materia altamente organizada. Los seres vivos están constituidos por billones y billones de células, que hay que proteger y alimentar. Y llegamos a la necesidad de matar a un conjunto celular para alimentar a otro, en una guerra abierta de necesidades para conseguir energía y vida.

Los robots son teledirigidos por la planificación celular que se manifiesta en cada uno de ellos dictando normas y actuaciones. Cada robot cree alimentarse pero la realidad es otra, el robot no se alimenta, alimenta.

La procreación, el apetito sexual, la llamada de la reproducción de las especies, se halla también planificada. Las células necesariamente deben perpetuarse en una especie de reencarnación celular. De ahí la milagrosa transmisión del óvulo y el espermatozoide, para que la célula femenina y masculina se dividan y se multipliquen, en la aparición de un nuevo ser, creado con fines exclusivamente celulares.

Durante millones de años la llamada reencarnación celular ha sido posible. Los seres han evolucionado a partir no de una selección natural, sino más bien de una adaptación celular. Genéticamente todo es posible porque se pueden producir una serie de cambios capaces de adaptar al ser vivo en el medio ambiente en el cual forzosamente tiene que vivir.

Así pues, lo que llamamos evolución es un complejo cambio del ADN, del código genético preparado química y biológicamente a la información que le llega del mundo exterior para perfeccionar constantemente a la máquina que ha elegido para defenderse de los depredadores.

Sin un mecanismo interior de evolución, los seres vivos no podrían evolucionar. Un ser desaparece en otro, cuando la información constante que le llega del exterior lo hace necesariamente desaparecer. Aquí naturalmente, es la necesidad la que impera porque todo en el orden natural se hace por necesidad. La causa es la adversidad, la climatología y el efecto, el resultado lento y constante de la mutación.

Así ha sucedido desde siempre y siempre sucederá, mientras que exista la vida, porque la vida es el resultado de unos grandes cambios climáticos y genéticos. Cada especie animal tiene que estar debidamente relacionada con el medio ambiente, porque ha evolucionado necesariamente para ese fin, un cambio brusco de las temperaturas sería mortal para la vida. Cualquier ser vivo, tiene una información genética de millones de años y se reproduce, se divide y se multiplica a través de esa información.

El hombre es la cumbre de la evolución, en la ontogenia del Homo Sapiens, podemos encontrar el principio y el fin de nuestra especie. No somos diferentes en absoluto al resto de los animales. Somos el producto de los microorganismos que nos controlan hasta el sueño.

Existiendo la autodefensa natural, los seres vivos pueden defenderse los unos de los otros, sin que necesariamente exista un conocimiento del hecho que los ampara, haciéndose más resistentes al peligro que los acecha y amenaza.

Aquí descubro una cierta y poderosa inteligencia mecánica producida por el cambio posicional de las células. No saben que existen, carecen de inteligencia, pero existen y tienen inteligencia sin saberlo, y esa inteligencia de la mecánica es la que hace posible que se realice el llamado milagro de la evolución.

Solamente tiene conocimiento de lo que existe lo que no existe. El cerebro produce el conocimiento, el ser, el pensamiento, pero el cerebro que es vida no tiene conocimiento de que existe. Sin embargo, el pensamiento que no tiene existencia, es el único testigo posible de la vida.

"El pienso, luego existo", no es exacto, habría que cambiarlo por:

¡Pienso, veo la vida, pero no existo porque soy un simple pensamiento sin existencia, aunque el cerebro tenga la facultad de pensar!

Lo mismo que la célula, ignora que hay una inteligencia químicamente desarrollada, que hace posible que la célula se divida y se multiplique según la información recibida para esa división multiplicadora, ocurre para el cerebro del hombre. El cerebro químicamente transmite inteligencia, pero la inteligencia no forma parte de la vida, formando asombrosamente parte de lo que carece de ella.

Al igual que ocurre con un ordenador, se puede llenar de datos, de una serie de resultados matemáticos, pudiéndose almacenar hasta el infinito cuantos descubrimientos y datos se registren, pero el ordenador no tiene consciencia de lo que sucede. Existe como ordenador para el hombre pero no para sí mismo. De igual manera existe la vida para el pensamiento, pero el pensamiento no es vida, lo mismo que el hombre ordenador.

Si la vida no sabe que existe no puede morir, porque solamente puede morir aquello que tiene conocimiento de su propia existencia.

La vida vive pero sin vivir en ella, sucede lo mismo que en la célula, existe pero sin tener conocimiento de su propia existencia.

El engendramiento de todo ser se realiza sin que haya constancia de lo que está sucediendo. El desarrollo del mismo es un simple mecanismo de transmisión mecánica, se realiza mas sin conocimiento que pueda darse cuenta del mismo. Los átomos desconocen que constituyen sistemas celulares, las células carecen de existencia consciente.

 La información genética es la que hace el movimiento, lo mismo que el movimiento de la mano el cerebro. Pero tanto la información genética como el cerebro, carecen de todo descubrimiento inteligente que sepa lo que está sucediendo y por qué se está realizando.

ENSAYO SOBRE PROTAGORAS

Protágoras nació – según la mayoría de los autores- hacia el año 481 antes de nuestra era, en Abdera de Tracia, gozó del favor de Pericles.

La tesis más conocida de Protágoras es la que se lee en un fragmento de su obra:

"El hombre es la medida de todas las cosas, en cuanto que son y de las que no son, en cuanto que no son"

Ha habido muchas controversias, en torno a la interpretación de esta célebre frase.

¿Por qué el hombre es la medida de todas las cosas? Sencillamente porque el hombre como masa es una medida espacial, que mide a través de su relatividad al resto de las medidas.

Aquí Protágoras, descubre como la masa del hombre mide el movimiento, la masa y la energía de lo demás, haciendo que su realidad sea una realidad relativa.

La medida espacial y material del hombre es la que se relaciona con el espacio y la materia.

El hombre como medida de la materia y del espacio no puede salirse de esa realidad.

La ciencia no puede estudiar el universo en sí, porque la medida del hombre se lo impide. Así pues tenemos una ciencia que estudia desde A a B, no de B a A o de B a C.

Las distancias universales son menos cortas, insignificantes para otras medidas superiores. De tal manera, pienso y comprendo que la Tierra no se halla ni mucho menos a 150.000.000 de kilómetros del Sol, porque su medida espacial es mucho más grande que la del hombre. Según su radio la Tierra, estaría a unas 12.000 medidas del astro rey y el Sol que tiene una masa 385.000 veces más grande que nuestro planeta, a una distancia insignificante. El que está a 150 millones de kilómetros del Sol es el hombre.

A 12.000 B

B ⟶ A

C 150.000.000 B

B ⟶ C

De una estrella a otra estrella no hay millones de años luz. Un astro puede estar separado de otro simplemente por cientos de medidas espaciales. La medida de las estrellas no es la medida del hombre.

La separación espacial es mucho menor para los cuerpos más grandes y muchos más grande para los cuerpos más pequeños.

Tanto la velocidad de la luz como la distancia son relativas. Para los cuerpos más grandes la velocidad de la luz es más lenta.

Siendo su velocidad relativa se puede incrementar y reducir hasta el infinito al igual que la distancia.

$$M = VL \qquad A - B - C - D$$

$$M = E \qquad B - A - D - C$$

$$M = E^R \longrightarrow$$

$$M = D \longrightarrow$$

$$D = M \longrightarrow$$

$$M = E \longrightarrow$$

$$E = M$$

$$E = M : X Y L$$

Si el hombre es la medida de todas las cosas, todas las cosas son la medida de todas las cosas y cada medida a partir de su propia masa tiene un espacio, una materia y una distancia relativa a su propia medida.

Podemos decir que el átomo como unidad material, es la medida de su propia energía. El átomo al dividirse libera su energía y esta se multiplica en átomos más pequeños.

El movimiento dividido se hace más grande y la energía al dividirse se multiplica alcanzando una fuerza multiplicadora en una reacción en cadena de fisión y fusión. Los electrones, neutrones o positrones se disparan y al chocar entre si van formando nuevas divisiones multiplicadoras.

$$A : M^A$$

$$A : XM^A$$

$$A : XM^A = E : XM$$

(Átomo dividido: Multiplicación atómica)

(Átomo dividido: Multiplicación por masa atómica)

> Átomo : Multiplicado Multiplicación atómica
>
> = (es igual)
>
> Energía: Multiplicada por movimiento

En ese constante bombardeo de partículas un universo de divisiones que se multiplican tiene lugar y el movimiento se altera en una división infinita. La masa y la energía adquieren otro giro y se dividen de lo más grande a lo más pequeño todavía en un compuesto donde no dejan de participar movimiento, masa y energía.

La velocidad del movimiento de la masa y de la energía en estas partículas compuestas es superior a la velocidad de la luz porque su medida al ser más pequeña hace que la distancia y el movimiento sean infinitamente más grandes.

$$\left\{ \begin{array}{l} \text{Espacio = Masa = Energía = Velocidad} \\[8pt] \qquad E = M = E^r = VL \\[8pt] \text{División= Multiplicación = Movimiento = Energía = Velocidad} \\[8pt] D = M = M^2 = I = VL \\[8pt] \text{Masa = Distancia = Espacio = Movimiento = Tiempo} \\[8pt] M = D = E^5 = M^0 = T \\[8pt] 1:4 = 4 \times 1 = 4 \; (\; 4:4 = 4 \times 4 = 16) \\[8pt] (\; 16:16 = 16 \times 16 = 256 \end{array} \right.$$

El movimiento como fuerza que se altera y participa de otro movimiento no empieza en la unidad sino en la división de la misma unidad. Empieza cuando el uno absoluto se ha dividido en el dos relativo. En el dos empieza necesariamente la relación de todas las cosas. El uno es el reposo absoluto, el espacio absoluto, la energía absoluta, la medida absoluta, el dos es la mecánica, la división, la multiplicación y el movimiento.

La expansión del universo se debe a la división de la materia. Dividiéndose la materia todo se vuelve en medida del espacio absoluto y se relaciona con el mismo a partir de su propia masa, de ahí que el espacio se haga cada vez más grande haciéndose la materia cada vez más pequeña.

El dos es el impulso universal, el movimiento que se ha dividido y multiplicado en la expansión universal. Si al uno pertenecen todas las divisiones, al dos todos los movimientos y al cero todos los espacios relativos.

0 = Espacio 0=E

1 = División 1= D

2 = Movimiento 2 = M

3 = Energía 3 = E

4 = Masa 4 = M

5 = Velocidad 5 = V

6 = Posición 6= P

7 = Alteración 7 = A

8 = Expansión 8 = E

9 = Relación 9 = R

- El cero es igual al espacio, el cero es indivisible siendo lo único que no se puede dividir teniendo la dimensión de lo absoluto.

- El uno es la división y lo único que se puede dividir no puede haber más división, es decir, más materia ni menos materia, su peso será siempre el mismo y no podrá haber nunca jamás en el universo ni más peso ni menor peso material.
- El dos es el movimiento cuando el uno ha perdido su condición de unidad y se ha dividido en dos. Cuando surge el dos del uno surge sorprendentemente el movimiento, todo gira en ese giro todo se curva en la materia porque girando todo se vuelve redondo.

> **No es la curvatura del espacio-tiempo de Einstein, porque Einstein estaba equivocado, es la energía la que se curva no el espacio, porque el espacio careciendo de toda figura geométrica no se puede curvar.**

- El número tres es la Energía – Cero el espacio, uno la materia, dos el movimiento y tres la energía – Energía que se ha de convertir a partir del movimiento necesariamente en masa.
- El número cuatro es la masa teniendo tanto movimiento, energía como masa.

$$E = M \quad M = E \quad M^0 = M \quad M = E$$

- El cinco es la velocidad del movimiento de la masa y de la energía. De esa velocidad depende la estructura del átomo, de continuar siendo indivisible o de llegar en un momento determinado a su división.

- El seis es la posición y la posición es la que hace la cantidad exacta de masa y de energía.
- El siete trata de la alteración. Cómo el movimiento del átomo es alterado por un movimiento superior haciendo que sus compuestos se alteren, se dividan y se multipliquen.
- El ocho es la llamada expansión universal, al dividirse los átomos se multiplican en un sinfín de nuevas partículas y las partículas llegan a hacerse átomos más pequeños que van creando nuevos mundos.
- El nueve es la relación que se va haciendo desde la división hasta la multiplicación.

- El número diez, es la medida del uno relativo en el cero relativo. El uno relativo como diría Protágoras es el hombre, la unidad, la relación y el cero el universo relativo a esa unidad que representa al hombre.
- El número once, sería una doble medida, una doble relación que yo entiendo como de

$$A \text{ a } B \ (A = \text{Tierra} , B = \text{Sol})$$

$$B \text{ a } A \ (B = \text{Sol} , A = \text{Tierra})$$

- El número doce, la nueva división del uno al dos, en el uno relativo y en el dos que representa el movimiento relativo de todas las cosas.

- El 13 Materia y Energía
- El 14 Materia y Masa.
- El número 20 la segunda división de la materia.

> 01   02   01 = D   02 = M   03 = E   04 = M

El movimiento es un constante giro en el espacio, ningún cuerpo que está en constante movimiento puede desplazarse por el espacio sin girar sobre su propio eje. De ahí la curvatura de la materia en movimiento.

Curvándose el movimiento la materia se curva y la alteración curva en la que desencadena una expansión universal que tiene el mismo redondel que el cero.

1º) Espacio absoluto y materia absoluta.
No hay espacio sin materia ni materia sin espacio

2º) División y multiplicación de la materia y del espacio. La materia se divide y se reduce y el espacio se vuelve relativo a la masa, haciéndose la división cada vez más pequeña y el espacio cada vez más grande.

> División = materia multiplicada por espacio = infinito.
> (D=M x E = Infinito)

3º) La materia dividiéndose hace galaxias y sistemas planetarios, todos ellos relativos a la división.

La expansión es una división multiplicadora. $E = D M$

4º) No puede haber más materia ni menos materia, el peso y la masa no varían, no se puede perder ni una partícula de la misma.

5º) El sistema posicional de los átomos es el que hace la diversidad material a través del movimiento. La mecánica es una de las propiedades de la división. La multiplicación altera el ritmo atómico, haciendo presente un sinfín de formas y causalidades nuevas nunca anteriormente presentadas en el espacio.

6º) La división es la causa, la multiplicación el efecto. Causa y efecto se manifiestan en unas mutaciones infinitas. Lo inmutable no existe en un devenir infinitésimo.

7º) Existe solamente lo que se puede dividir, es decir: Lo compuesto. Lo simple, lo que está hecho de una sola pieza, es una utopía de los filósofos idealistas que, como Leibniz, afirmaba que hay átomos simples, inmateriales, que él denominó como amónadas, que para mí, particularmente suena como a Monadas.

8º) El Universo es una composición material compuesta por átomos en una diversidad posicional. No hay ninguna razón universal que haya hecho el universo, porque la materia es la materia en sí y no ha sido creada por ningún ser superior o dios.

9º) Solamente lo compuesto puede componer y descomponer sistemas, pasar relativamente de un espacio a otro, expandirse sin límite en una reacción atómica en cadena.

10º) El movimiento es el arquitecto del mayor de los milagros. Solamente el movimiento posicional de los átomos es el que llega a la diversidad de las formas y de sus diferentes propiedades.

11º) A pesar de su divisibilidad la materia sigue unida en la forma y desunida en el contenido, porque todo lo que está unido está unido y todo lo que está desunido, unido. Si todo estuviera unido, no existiría el movimiento y si todo estuviera desunido, la forma.

12º) Luego pues, la primera forma material, el principio de la división, el uno, sigue siendo en una unidad indestructible. La división parte del contenido de la materia y no de la misma materia.

Cuando troceamos un pedazo de pan la división del pan es interna y no externa, hemos dividido la materia pero no la forma del pan que no tiene ninguna realidad para el contenido.

El pan está en un espacio relativo y la forma es relativa.

En un espacio absoluto la forma del pan no podría ser destruida no habiendo más espacio para su destrucción.

El pan sería absoluto en un espacio absoluto como es relativo en lo relativo.

El pan está un espacio relativo y la forma es relativa, las formas se destruyen sencillamente porque hay más espacios del que necesitan para poder ser destruidas.

13º) Espacio absoluto igual a la eternidad, no existiendo el movimiento, no existiendo el cambio ni la transformación.

14º) La división se ha originado en el espacio relativo a partir de la relatividad del átomo, de lo más pequeño a lo más pequeño todavía.

15º) Si el uno como unidad material está unido al espacio ocupando absolutamente todo el espacio en un abrazo espacio material, la división y la multiplicación de sus compuestos no alteran ni pueden alterar en absoluto esa postura. La división material empieza dentro del átomo de la primera forma, de la forma absoluta sin poder cambiar de posición. Lo que cambia de posición son sus diferentes compuestos, guardando forma y contenido.

16º) El fluido, imán, atracción, de la forma absoluta, es el que regula el funcionamiento de la división material.

Sucede lo mismo que en cualquier cerebro o tejido cerebral, donde los diferentes puntos de las diferentes ramificaciones, son los que regulan el funcionamiento eléctrico del mismo con paradas discontinuas.

Al estar todo sujeto al principio, la relatividad parece tener una serie de leyes, que son en realidad simples consecuencias de la regulación universal de la unidad.

17º) Todo movimiento es relativo ocupando un espacio relativo, donde el movimiento tiene razón de ser porque es realizable. Si no hay espacio suficiente para el movimiento, el movimiento no tendría razón de ser y nunca jamás se realizaría si la materia no se hiciera más pequeña para tener el suficiente espacio para hacerlo.

18º) Si un cuerpo es relativo al espacio absoluto, tendrá movimiento y espacio. Si un cuerpo es absoluto en el espacio absoluto, el movimiento nunca jamás podrá llevarse a cabo, porque no existe espacio para hacerlo, en este caso el espacio es el contenido de la materia, no existe realmente aunque exista, su presencia se halla negada por la masa material. Lo mismo ocurre con cualquier cuerpo que ocupa un espacio, negando el espacio que niega mientras lo esté ocupando y el espacio que ocupa no será mientras que el cuerpo sea.

19º) En la forma absoluta se hallan también los átomos absolutos que no cesan de girar en el contenido de la forma. Son átomos compuestos que se descomponen de lo grande a lo pequeño. El átomo primero sigue inmutable en un sinfín de mutaciones.

20º) La materia ni crece ni se empequeñece, se divide y en esa división se multiplica creciendo y empequeñeciéndose en sus compuestos.

21º) El movimiento está sujeto a la masa que lo realiza pudiendo ser alterado por un movimiento superior, haciendo que los compuestos de la masa se dividan y se multipliquen.

22º) A no tener movimiento ni espacio el uno, la división parte del contenido y el contenido es el que hace el movimiento y la forma.

23º) Uno el espacio y una la materia, dos el contenido en movimiento y forma.

24º) Todo movimiento está dentro de la materia, el espacio exterior no existe. Estamos en un Universo cóncavo donde la materia absoluta sin movimiento es como una piedra mortuoria puesta sobre nuestra inteligencia. No hay salida, la salida está tapada por una roca que ocupa todo el espacio hasta el infinito absoluto.

25º) Lo compuesto está formado por pequeñas posiciones materiales que se dividen hasta el infinito.

Esas posiciones materiales las llamaremos Unidades Posicionales Divisibles, U.P.D.

Las U.P.D son los ladrillos que han edificado billones y billones de Galaxias, de Sistemas planetarios, guardando un orden razonable dentro del caos del desorden ordenado de la división multiplicadora.

26º) La relación entre el uno y sus partes es una relación asombrosamente ordenada dentro de aquello que a simple vista podemos tomar como un desorden. El desorden se vuelve orden cuando una cosa se desordena para volver a ser ordenada en un nuevo orden que no tiene nada que ver con el primero aunque guarde el concepto de orden que le viene atribuido desde el primer movimiento que se originó para que la división se efectuara y la multiplicidad material fuese.

27º) El uno se ha dividido en dos en el contenido, en el espacio relativo al dos. Es pues, el contenido, el que se expande, el único que se puede transformar en un viaje infinitésimo de transformaciones fantásticas y más que asombrosas.

SOBRE EL NACER Y EL MORIR

Según las leyes de la naturaleza, nada puede nacer ni nada puede morir. Para nacer y para morir, lo que nace tiene que tener conocimiento de que está naciendo y lo que muere tener también conocimiento en la muerte.

Si partimos de la premisa que la materia o sustancia carece de ser, que no tiene amor ni odio, que es simplemente lo que es y no lo que la mayoría de los filósofos quiere que sea, nos daremos cuenta que tanto el nacimiento como la muerte, no existen en realidad. Porque el ser aunque pueda sentir las sensaciones y las necesidades de la materia es exclusivamente pensamiento.

El pensamiento y el ser son la misma cosa y, ningún nacimiento nace con el pensamiento y el ser.

El ser va formando de sensaciones, no nace como materia, la materia después se apodera de él, lo cautiva, los ajusta a sus necesidades y, en ese magistral acoplamiento, la adaptación entre ser y sustancia parece tan perfecta, que nos creemos que lo que nace es el ser y lo que muere lo que hemos llegado a ser.

Nada más lejos de la realidad, el ser no nace y como no nace no puede morir. El ser no se divide ni se multiplica ni fluye, permanece en la constante formación del conocimiento, de la experiencia, no puede tocarse ni reformarse, se trata de algo incoherente: No puede crecer pero crece, no puede cambiar pero cambia, no puede sentir pero siente, no es materia pero se manifiesta en ella.

El ser no tiene cuerpo pero se apodera del cuerpo, llora, ríe y siente, parece que nace y que muere, empero lo que nace y muere es la materia y la materia no puede nacer ni morir, porque existe desde siempre.

El nacimiento es simplemente una apariencia. Lo que parece que está realmente naciendo es simplemente una división y multiplicación celular. El ser no forma parte del átomo ni de la célula. En el nacimiento no hay ningún ser. El cerebro, conforme se va desarrollando, es el que llega a producir al ser, pero el ser es inmaterial componiéndose de sensaciones que se escapan del mundo material.

Nada nace ni nada muere. Lo que es siempre será, lo que no es no llega a ser y el ser no formando parte de la sustancia, lo mismo que se ha formado en el cerebro se deforma y deja de ser cuando el cerebro deja de funcionar.

EL DRAMA INTERIOR

El drama interior: El drama interior del inconsciente se efectúa desde que el cerebro como productor de las sensaciones, hace que el ser que ha surgido, que va evolucionando, tome conciencia de su entorno a partir de sí mismo.

El : Je pensé, j'existe, de Descartes, es totalmente erróneo, ya que solamente tiene conocimiento de lo que existe lo que no existe. El cerebro produce el ser, el pensamiento, el conocimiento, empero no tiene conocimiento de sí mismo. Es el producto, el que carece de materia y luego de existencia, el que se manifiesta a través de una serie de sensaciones.

Aquí, como en todas las cosas, no existe el milagro, tratándose naturalmente del resultado equilibrado de una causa natural.

El inconsciente se vuelve necesariamente consciente cuando el cerebro capta una serie de acontecimientos donde se puede transmitir lo que se está desarrollando.

Desde la Ameba, hace aproximadamente unos 3.000 millones de años, hasta el hombre, la evolución y la adaptación de la célula y del sistema celular se ha ido planificando con una serie de mecanismos que se han ido transmitiendo al sistema genético de información, quedando todo lo representado en una especie de memoria de división y multiplicación celular.

La Selección de las Especies de Darwin, no llegó ni siquiera a este razonamiento de adaptación celular.

Hay una inteligencia dividida y múltiple en la constante transformación del ser. La llamada planificación celular está impregnada de un movimiento que divide y de otro que multiplica.

El ser se origina de un alto período de adaptación cerebral. Recogiendo datos e información por doquier planifica asombrosamente sus estructuras de constante cambio y aproximación al medio ambiente, a lo sumamente real.

Aquí podríamos decir, naturalmente, que hemos llegado a la Ontogenia de la forma y el contenido, y que el autor de las cosas no es ni mucho la consciencia ni el inconsciente, tratándose del ser que se origina como un producto cerebral y no como el cerebro en si.

En el inconsciente queda memorizado cada período existencial, sus sueños, sus deseos, sus frustraciones, sus creencias y fantasías. Todo inexorablemente deja de ser no para ser sino para que otra cosa totalmente diferente sea. La Ameba dejó de ser Ameba, organismo unicelular para que el algo fuera. Desde la primera planificación de la primera estructura, hasta la última, todos los acontecimientos se van memorizando, y , nada por supuesto, puede escaparse a ese fenómeno mecánico de transmisión de hechos y sensaciones.

La división y la multiplicidad de los seres que van surgiendo a lo largo y ancho de lo que solemos tomar como una sola evolución y no como una multiplicidad de evoluciones aparentes, dan lugar a que el deseo de los diferentes egos choquen entre si. No siendo el mismo deseo ni mucho menos el de un niño que el de un adulto.

Nada puede perderse por sí solo. El constante enfrentamiento que suele haber en lo que se puede naturalmente llamar la negación de la negación, es cuando en una cadena de sensaciones evolutivas, el ser posterior niega en cierto orden evolutivo, en un salto cuantitativo al anterior. Antes de un sueño, un deseo, una realidad, después otro, pero la negación no desarrolla del todo, no es hermética, dejando espacios en el inconsciente para que de tarde en tarde, como una marea de inquietudes y de sobresaltos se ponga en contacto con la consciencia y el mundo exterior.

Aquí hay que decir, que el pasado se hace presente en el presente por una serie de mecanismos que hay que estudiar detenidamente. Es decir: La constante luchas de los contrarios.

Desde la primera causa, desde la primera sensación, hasta la sensación que se está originando, hay una constante lucha entre lo que ha sucedido, lo que está sucediendo y lo que acaba de suceder.

El niño desea aparecer en el hombre sin dejar de ser hombre mas la sensación del hombre le impide la forma y el contenido.

La evolución, la transformación, el llegar a ser, es la constante cárcel de lo que se forma y vuelve a formarse en un fantástico e inquietante devenir de la propia consciencia.

Cuando los sueños, las fantasías y los diferentes deseos se mezclan, se origina un desequilibrio mental, donde se suele perder la noción del tiempo y de la realidad.

El pasar de un estado a otro, es meramente una necesidad material. El desequilibrio lo origina el salto forzoso que el consciente ha de dar. No somos ni mucho menos lo que deseamos sino lo que se presenta. En tales representaciones vamos perdiendo lo que hemos sido y nunca alcanzaremos lo que jamás llegaremos a ser.

Existe, en cierto modo, una gran batalla interior, donde todo se halla consciente en todo, sin que se pierda lo más mínimo en ese vasto imperio, donde somos las víctimas de lo hecho, de lo deshecho y de lo que se quiere fantásticamente volver a hacer.

Al igual que el espacio es una obra infinitamente acabada, el átomo aunque sea divisible no se puede retocar en su proceso más elemental de su división. Espacio, átomo y célula, son en realidad tres cápsulas, a cada cual antagónicos y diferentes de un mismo tiempo.

Aquí el espacio sin poder dejar de ser espacio desea por encima de todo volverse en átomo lo mismo que el átomo a partir de su movimiento da lugar a la célula sin dejar de ser sorprendentemente lo que es.

¿Y si lo que llamamos Evolución, Transformación, fuese simplemente una mera sensación de lo hecho y acabado, de lo que se desarrolla sin dejar de ser lo que es dando lugar a otra cosa? Sucedería lo mismo que en una galería de arte, donde se podría colgar y exponer todos los cuadros, en sus diferentes apartados, de lo que llamamos como término único y general Exposición.

En el cuadro número uno, expondremos el espacio como única representación del Vacío, en el dos, la materia como contenido de lo que se encuentra todavía vacío, en el tercero la expansión universal, el orden, el desorden y el caos. La suma grandiosidad de lo expuesto con sus diferentes medidas y representaciones.

Cada cuadro es por sí mismo y no se puede perder en el tiempo y el espacio porque es transmitido en cada una de sus representaciones y consecuencias. El todo deja de ser no para ser, debe ser analizado detenidamente. Podemos decir que deja de ser pero sigue siendo, sigue siendo estructuralmente en el tiempo y en el espacio, aunque su presencia haya sido deformada, continúa dentro de la nueva forma sin poder perder su esencia y contenido.

Desde el principio de todas las cosas, de toda la sustancia hasta la actualidad, el movimiento tangible de la materia, lleva consigo sus diferentes procesos y mecanismo, donde el todo se pierde en constantemente sobresale ¿Y qué es lo que constantemente sobresale? Lo constantemente nuevo, aquello que parece negarse a si mismo para que otra cosa totalmente diferente sea.

En ese dejar para ser, para que otra cosa constantemente diferente sea, se halla presente la asombrosa visión de todos los tiempos. Nada puede ser borrado ni destruido, donde todo tiene un sentido de eternidad.

¿Cuántos niños hay presentes y encarcelados en sus diferentes procesos por que aparentemente tomamos por un solo niño?

La psique se halla dividida y multiplicada en un sinfín de divisiones y multiplicaciones.

Desde el origen del universo, hace aproximadamente, unos 15 mil millones de años, según el carbono 14, hasta los tiempos más remotos, todo se remonta en todo y todo por su supuesto, puede tener una explicación de principio a fin.

Desde los umbrales de la evolución de todas las especies, cada cerebro ha ido recogiendo sus propios datos en sus diferentes procesos de adaptación celular. Nada se pierde, sino lo que se olvida. El olvido no es el patrimonio de no recordar de una forma o de otra de lo que ha sucedido, sino de un mecanismo que desea de apartar de una vez por todas las diferentes sensaciones que se van efectuando entre lo que acaba de suceder y aquello que se va desarrollando.

El llamado inconsciente es simplemente un apartado del consciente para que cada ser de la división multiplicadora pude presentarse en el devenir como una nueva forma poseyendo una nueva consciencia de lo que aparentemente se ha realizado. Nada pues, se realiza en el conjunto realizándose en cada una de sus partes, de su diferentes egos y apartados. El niño no se pierde en el adulto, como el adulto no se puede perder en el niño, no habiendo ni un retroceso ni un avance, nada avanza ni retrocede conjuntamente, se avanza y se retrocede en cada una de las formas que van surgiendo en el devenir de cada cosa.

Podemos decir que una manzana no es una manzana por si sola, que no es la fiel y exacta representación de sí misma, que cada uno de los miembros y procesos que han llegado a su representatividad están debidamente recogidos en lo que fundamenta con su fundamento asertivo y plausible.

No se recoge solamente lo que se recoge, sino todo lo que vamos recogiendo sin saberlo.

En la manzana está el espacio vacío, el espacio que naturalmente ocupa, el átomo y una serie de estructuras y de mecanismos atómicos, el átomo y una serie de estructuras y de mecanismos atómicos, la célula y su planificación celular, la semilla y por último una de sus múltiples representaciones como fruto de la materia y de lo que llamamos superficialmente evolución.

Si cada uno de los procesos materiales sigue siendo representado en el siguiente, todo se halla representado en todo, sin el más mínimo fallo ni error y nada puede salirse de esa representación.

 Los fenómenos del pasado pueden ser representados en el presente con toda su fuerza espontánea aunque ya sucedieron, parecen que su vigencia y su fuerza permanecen muy por encima de aquello que creemos inexistente.

La materia es una caja de constante sorpresas. Lo verdaderamente raro y sorprendente es que no se produzcan.

En psicología se estudia y desea llegar al ser como algo que permanece y evoluciona en el mismo ser, en una serie de sensaciones, donde el estudio del psicólogo quiere ver siempre lo positivo en lo logrado como si todos los procesos de todos los seres y de sus diferentes mentes estuvieran exclusivamente programados en el positivismo, nada más lejos de la realidad.

Con el inconsciente que analizamos, deseamos analizar sus diferentes estructuras y consecuencias, tomando el acto como un solo acto y el ser naturalmente como un solo ser. ¡Qué ignorancia más grande suelen cometer los que estudian erróneamente el comportamiento del ser humano: sus angustias, sus fobias, sus inquietudes, sus manías y sobresaltos, y finalmente sus enormes y débiles contradicciones!

Un simple acto cometido por uno de nuestros antepasados puede remontar un microsegundo el curso del tiempo y ponerse gravemente de manifiesto poniendo socialmente entre las cuerdas al que lo ejecute.

Una violación, por ejemplo, es el resultado de dos visiones diferentes del mundo. El hecho condenatorio del presente le retira la necesidad de efectuarse a todo un pasado.

Lo que llamamos debilidad, enfermedad o manía, es simplemente una fuerte batalla ganada por un tiempo y sus consecuencias en otro. Antes era necesario y libre, ahora rechazo, castigo y condena.

Así pues, no se trata de un desequilibrio mental, de una debilidad puesta de manifiesto. En ese preciso momento el ser del pasado se ha apoderado del ser del presente y se ha manifestado como tal, dejando a la consciencia opuesta derrotada y vencida, asombrada y perpleja por lo sucedido y cuando reacciona parece haber salido de u extraño y confuso sueño, dejando toda la culpabilidad y arrepentimiento en el presente porque aquello que no se ve no puede ser ni castigado ni rechazado.

No habiendo una sola consciencia, no hay tampoco un solo inconsciente, aquí nos enfrentamos naturalmente a una diversidad de formas y de contenidos que se encuentran enfrentados desde siempre los unos a los otros.

Si hay una diversidad de formas, hay una diversidad de consciencias, no puede ser de otro modo. Y el estudio de la mente hay que revisarlo nuevamente desde una diferente visión de los acontecimientos anteriores y posteriores. No analicemos la parte como el todo, hay que analizar todas las diferentes partes y consecuencias para llegar finalmente al todo.

La experiencia de una consciencia llega a la completa deformación de la otra. El pasado no ha pasado como pasado, hallándose en cada uno de nosotros vivo, con sus sueños, fantasías, emociones y necesidades.

Para analizar el conjunto de un fenómeno hay que descubrirlo antes, tenerlo ante nosotros, solamente vemos y analizamos lo que la ignorancia nos deja ver y analizar, el cuadro del consciente es más amplio de lo que se expone y analiza, solamente se ha expuesto y analizado una recta, pero al lado de lo que tomamos a simple vista como una recta, hay millones de rectas más.

Debemos de profundizar en lo sabido con más audacia y atrevimiento.

Las diferentes emociones, costumbres, necesidades, sueños, fantasías y un sinfín de mecanismos dan lugar a la deformación de la especie, al mismo tiempo que nos vamos formando nos vamos deformando, avanzamos mas retrocederemos.

LO INFINITAMENTE CONTRADICTORIO

En el Universo hay una contradicción infinita. Una negación de lo que se hace y de lo que se está haciendo. Si lo infinitamente pequeño es la única constitución que tiene la materia o lo que solemos llamar infinitamente grande, las leyes de lo deformado y de lo que le da formación, no son iguales, son leyes diferentes, movimientos antagónicos, fenómenos y casualidades sumamente diferentes que suelen enfrentarse en cualquier momento. En lo infinitamente pequeño está la división, la multiplicación y la formación. La presencia de lo grande es una representación de los relativo no de lo absoluto. Podemos levantar un edificio hecho de partes pequeñísimas, por ejemplo, como suele hacerse con ladrillos. . Tal edificio será relativo al ladrillo, aquí vemos una relación Edificio-Ladrillo o Ladrillo-Edificio, no podemos, pues, decir que el edificio se ha constituido por sí solo, dependiendo lo que a simple vista parece absoluto, de lo relativo.

Las leyes de la formación y de la durabilidad de la construcción son esencialmente del ladrillo, que relativamente soporta el peso del conjunto, teniendo cada parte el mismo peso y el mismo poder de aguantar el llamado peso absoluto, que en verdad es un peso relativo, repartido en cada una de sus partes, porque si fuese un reparto absoluto todo el edificio se vendría abajo en un microsegundo.

Lo mismo sucede con el edificio universal. Hay un reparto específico entre sus incontables movimientos, no pudiendo haber una verdad o realidad absoluta sino relativa a cada uno de sus fenómenos.

Así pues, hay un reparto de espacio-energía y movimiento. Un reparto equitativo, que se reproduce limitado a cada una de sus representaciones, lo ilimitado forma parte de conjunto no de la parte en sí.

El átomo y la materia que llega a constituirse a partir de una multiplicidad atómica, no siguen el mismo proceso, no obedecen a las mismas leyes naturales. La materia niega a simple vista la realidad del átomo y el átomo la verdad de que la materia exista a partir de su propia realidad, este fenómeno se podría entender como una doble negación de aquello que tomamos por una misma cosa. Aquí podemos diferenciar el átomo de la materia y la materia del átomo, como el átomo llega a la formación de un fenómeno que no tiene cabida ni relación entre lo que se podría tomar como el todo y la parte, lo relativo y lo absoluto.

Aquí no veo ninguna representación del Espacio-Tiempo, viendo más bien una representación del Espacio-Materia, hasta llegar al tiempo relativo que ha de durar esa formación natural.

El proceso de la formación material es una casualidad. Como causa originada del movimiento que llega a la formación de la materia, la duración de la misma ya viene programada, no pudiendo haber un antes ni un después en la programación porque en la mecánica hay introducida una especie de memoria de espacio-materia-tiempo.

Cuando el fenómeno se origina, no ha sucedido nada realmente, solamente un fenómeno que se ha realizado y que se escapa al espacio relativo del realizador.

En el espacio relativo del átomo todo parece seguir igual porque el fenómeno se halla fuera de esa realidad. Cuando el fenómeno desaparece hay un distanciamiento atómico, solamente esto sencillamente es lo que ha sucedido.

En la distancia está la causa. Más distancia, menos distancia, pero siempre hay una distancia que garantiza la armonía universal, una distancia que construye y una distancia que destruye.

Las leyes del movimiento del microcosmos pueden con las leyes del macrocosmos, siendo el macrocosmos el edificio y el microcosmos su formación. El microcosmos es simplemente un fenómeno, no una verdad representativa, sino una causalidad que puede desintegrarse y desaparecer en cualquier momento.

El mundo no es real porque para ser real hay que ser verdadero, hay que tener propiedad y la sustancia como fenómeno no tiene realidad , verdad, ni propiedad, porque depende de las leyes del microcosmos, de aquello que lo forma y lo deforma, que lo compone y lo descompone.

Todas las galaxias, todos los sistemas planetarios, todos los planetas, son como un encantamiento universal, carecen de materia propia, no se hallan formados de una energía que les pertenezcan no tienen representación, no pueden ser porque han llegado a ser como un fenómeno y el ser no les pertenece, se halla depositado en lo infinitamente pequeño y no pueden relacionarse con el mismo.

Aquí parece haber contradicción pero no la hay. Lo que tomamos como materia, no es ni siquiera materia, lo que pensamos que es energía ni siquiera es energía, lo que vemos como espacio ni siquiera es espacio y lo que se manifiesta como tiempo ni tiempo posible ni duradero es. Tiempo-espacio y energía, pertenecen en exclusiva al microcosmos, ahí no existen los fenómenos, existen solamente las representaciones de los mismos.

El átomo es la única representación material y su energía la única energía, su movimiento, su giro, su desplazamiento, su espacio y su tiempo, la medida y la relación más exacta de todas las cosas. A él y solamente a él, pertenece el peso específico del universo.

Toda la formación de la materia puede desaparecer, lo que no pueden desaparecer son los átomos, porque aunque se desintegren se vuelven a formar hasta el infinito.

PRIMER MOTOR

Espacio absoluto igual a átomo absoluto y a energía absoluta. Condensación absoluta de los nucleones. Masa en reposo absoluto. No hay movimiento posible porque el espacio está ocupado por la materia y no hay espacio posible para el movimiento.

De pronto hay una fisura, la materia se divide en dos, en cuatro en ocho...

El espacio se vuelve relativo y los nucleones se dividen en una expansión que va de lo infinitamente grande a lo infinitamente pequeño.

Por ejemplo un átomo que pese un gramo, que tenga una masa de un cm^2 y una energía equivalente se divide en dos átomos casi iguales que tendrán medio cm^2.

½ cm² ○

¼ cm² ○

1/8 cm² ○

E x 128 = RME (relación masa-energía)
Expansión
De la Energía y del Espacio

1/16 cm² ○

1/32 cm² ○

1/64 cm² ○

1/128 cm² ○

EL TUNEL DE LA EXPANSIÓN

Cuando la fisión se realiza y los núcleos atómicos se dividen en dos, la expansión del universo se realiza a través de un túnel. Un túnel que se va haciendo cada vez más grande hasta el infinito.
Ese túnel es la exacta representación de los agujeros negros.

$$E = a \times MEY^2$$

$$E = Er$$

Espacio = Expansión Relativa

$$1:50 = 50 \times 1 = 50$$

$$1.000 \text{ Km} : 1.000 = 1.000 \text{ Km} \times 1.000 = 1 \text{ Millón de Km}$$

$$12 - 1 = 11 : 11 = 121 = 11 \times 11 = 121$$

$$11 : 11 = 121$$

$$11 \times 11 = 121$$

$$121 = 1 = 12 - 1 = 11 - 1 = 1$$

Expansión igual a uno

División igual a uno

Multiplicación igual a uno

Espacio igual a uno

En este caso el uno dividido en 121 partes tendrá un espacio 121 veces superior

Si hablamos de 1 cm ahora tendrá 121 cm

$$121 = 1 : 121 = 121$$

Peso específico = 1

Movimiento = 1 : 121

Energía = 1 : 121

Relación 121 : 0 = E : 121

Energía Relativa = 121 : 121 = 14.641

1 = 14.641

Conforme la materia se divide se multiplica la materia, el espacio y la energía, habiendo más materia relativa, más espacio y energía.

Hay más potencia para que el acto o movimiento se lleve a cabo con más fuerza. La energía se divide y se multiplica en un torbellino sin límite

ENSAYO SOBRE PITAGORAS LA METAFISICA DEL NUMERO

La doctrina fundamental de los pitagóricos consiste en que la sustancia de las cosas es el número. Pero se trata de una doctrina equivocada en el uso e interpretación de la misma porque el número va más allá de la enseñanza y creencia pitagórica de límite y de ilimitado, el límite que hace posible la medida, y lo ilimitado que la excluye.

A la oposición de los impares y de los pares corresponden otras diez oposiciones fundamentales, de las cuales resulta la siguiente lista: 1) Límite, ilimitado; 2) Impar, par 3) Unidad, multiplicidad; 4) derecha, izquierda; 5)Macho, hembra; 6)Quietud, movimiento; 7)Recta, curva; 8) Luz, tinieblas 9)Bien, mal; 10) Cuadrado, rectángulo.

Toda materia es energía y toda energía materia, toda materia es compuesta. El uno es simple y no hay nada en el universo que esté formado por sí mismo. Si el uno existiera como formación universal nada existiría a partir de su simplicidad. Solamente lo que está compuesto es lo que puede componer y descomponer mundos. Ahora bien, si hablamos de uno compuesto, el uno sería la garantía de todos los números que se vayan sucediendo hasta el infinito. La divisibilidad es la que llega a la Multiplicidad.
Cada cantidad o número exacto de partículas compuestas es la que origina la composición de aquello que se realiza y se manifiesta. Cada elemento se halla constituido por un número. Hallando el número exacto de la formación de la materia, hallaremos el exacto descubrimiento de la misma.

El átomo está constituido hasta el infinito, el número de partículas, de electrones y neutrones, puede dividirse y multiplicarse billones y billones de veces. Se dividirá siempre en la misma cantidad y en la misma cantidad se multiplicará. Un átomo dividido, tendrá siempre el mismo número de compuestos en la multiplicidad de átomos que se originan en el mismo.

Todos serán relativos a la división del átomo. Por ejemplo: Si el compuesto A tiene 5 E y 4 tiene D, en su divisibilidad infinitésima, todos sus compuestos tendrán el mismo número: $5+4=9$

En biología sucede lo mismo que en cosmología. La regla es la misma, siempre la misma cantidad, el mismo número es el que se forma en todo lo que se haciendo y deshaciendo, componiendo y descomponiendo. Por ejemplo el óvulo, es una división magistral del ser que lo ha engendrado o planificado. Su división se ha multiplicado en un sistema celular, teniendo el mismo número de células que el conjunto donde se ha originado. De ahí que 2 como movimiento de la forma sea siempre 2 y nunca llegue a evolucionar al 3. Si el ser humano tuviera, por ejemplo 12 billones de células, el óvulo tendría la misma cantidad y el espermatozoide también. Cuando el óvulo y el espermatozoide se unen y pasan a ser una célula, la mitad del óvulo y el espermatozoide se pierde, formando entre los dos 12 billones de células. La mitad de cada compuesto se une en un solo compuesto cuando la célula se divide, el movimiento como arquitecto de la misma, es el que desarrolla la memoria de la planificación hasta desarrollar el proyecto a través del número exacto de lo que llamamos evolución. Aquí la evolución es simplemente el desarrollo cuantitativo de lo que ya está hecho y se tiene que desarrollar irreversiblemente.

La célula y el átomo desarrollan el mismo proceso. La célula tiene un número limitado, empero el átomo puede dividirse y multiplicarse hasta el infinito, pasando de lo más pequeño a lo más pequeño todavía.

Un cambio de cantidad puede derrumbar en un microsegundo el edificio universal y producir un caos eterno. Si donde hay 2 ponemos 3 sobre 1, esa obra es la que origina el desorden dentro del orden, haciendo tambalear todo el edificio de lo compuesto.

Si 1 se divide en 2 sigue siendo $1 \times 2 = 2 = 1$. Después la cantidad se descubre en el movimiento, haciendo que cada cantidad tenga sus propias cualidades y sus propios descubrimientos.

El límite es la descomposición de lo compuesto, lo ilimitado su nueva composición. El ser humano, está limitado por un proceso, por una cantidad, por un número. Su origen es matemático. Debe estudiarse y profundizar en sí como un número. Del número depende también su ser, su yo, su naturaleza. ¿Por qué nuestro Sistema Solar tiene un número exacto de planetas no pudiendo tener ni uno más ni un menos? ¿Por qué tenemos 23 pares de cromosomas, $2+3 = 5$? ¿Por qué tenemos cinco dedos en cada mano, cinco sentidos? Los números, las cantidades se transmiten en una especie de memoria matemática. Los números se registran en los compuestos y se hacen visibles en lo ordenado.

La ignorancia sobre la materia y su composición por Arturo Pérez-Reverte

El Universo tiene que desaparecer.

"Todo el Universo y cuanto contiene está condenado a muerte, tarde o temprano"
Arturo Pérez-Reverte.

Réplica
Señor Pérez Reverte, el universo no puede desaparecer aunque se desintegren todas las estrellas, todas las galaxias, todas las formaciones habidas y por haber.
La propiedad de la materia le pertenece al átomo, siendo el ladrillo de la materia.
Lo que desaparece es un simple encantamiento de la transformación universal.
Decía Poincaré ,que la materia tiene un peso específico, y que siempre tendrá el mismo peso en las leyes universales de la transformación .
La materia se divide para multiplicarse, y esa división atómica es la que genera gradualmente la expansión del universo.
De la división atómica surge la multiplicación de los billones de dimensiones que tienen los diferentes espacios dimensionales.
La relatividad es una constante de la división material.
El universo entero puede desintegrarse en una de sus dimensiones, los átomos congelarse, pero la materia seguirá intacta, unida y desunida en la sublime representación del microcosmos, donde únicamente se representa la realidad de tiempo-espacio- materia.
Lo que está unido , está desunido y unido al mismo tiempo. El universo de cuerdas no existe en la unión y desunión material. La materia está unida en la forma y desunida
en el contenido.
Si ponemos el sencillo ejemplo de una mano, veremos las tres dimensiones de aquello que vemos como una mano, negarse en las

células y en los átomos.

La dimensión de la mano, es decir, su medida espacial es diferente a la dimensión celular , lo mismo que la medida de la masa del átomo que compone a la célula y a la mano, niega la forma, el movimiento y el espacio de las otras medidas.

Todo deja de ser, no para ser, sino para que otra cosa totalmente diferente sea en la negación de la negación.

Las estrellas desaparecen en el espacio como pompas de jabón. Se desintegran ,pero los átomos distanciados de la formación de la estrella , siguen ahí, donde siempre estuvieron, en el microcosmos.

No solamente existe un universo, hay billones de universos relativos a las medidas de las diferentes masas.

La materia se expande porque la materia se reduce infinitesimalmente sin llegar a reducirse por completo porque se empequeñece hasta el infinito, y el infinito es una constante expansión en el tiempo y el espacio.

Orden, desorden y caos, reinan en la fugacidad de todo lo formado.

Las estrellas, las galaxias y todas sus representaciones, son una estrella fugaz. Un microsegundo en la eternidad de todas las contemplaciones.

Así pues, señor Pérez Reverte, comprenda usted, que el macrocosmos se halla formado exclusivamente por el microcosmos, como la mano que usted tiene para escribir sus novelas.

Atentamente: Juan Martínez Asensio.

Almería 27 de abril del año 2020, en pleno confinamiento.

Un cordial saludo.

www.ingramcontent.com/pod-product-compliance
Lightning Source LLC
Chambersburg PA
CBHW021921170526
45157CB00005B/2132